国网江苏省电力有限公司
电网工程设计监理
标准化工作手册

国网江苏省电力有限公司建设部
国网江苏省电力工程咨询有限公司
组编

内 容 提 要

为规范输变电工程设计监理工作，提高设计监理水平，充分发挥设计监理作用，作者组织编制了《国网江苏省电力有限公司电网工程设计监理标准化工作手册》。

全书共6章，根据输变电工程设计监理组建原则、任职资格要求、工作职责，分阶段介绍了输变电工程设计监理工作流程、工作内容、工作方法等内容，附录中提供了设计监理标准化管理模板。

本书可供输变电工程监理企业设计监理人员参考和使用。

图书在版编目(CIP)数据

国网江苏省电力有限公司电网工程设计监理标准化工作手册/国网江苏省电力有限公司建设部，国网江苏省电力工程咨询有限公司组编. —北京：中国电力出版社，2024.5

ISBN 978-7-5198-8716-2

Ⅰ.①国… Ⅱ.①国… ②国… Ⅲ.①电网－电力工程－监理工作－手册 Ⅳ.①TM727-62

中国国家版本馆CIP数据核字(2024)第046654号

出版发行：中国电力出版社
地　　址：北京市东城区北京站西街19号(邮政编码100005)
网　　址：http://www.cepp.sgcc.com.cn
责任编辑：崔素媛 (010-63412392)
责任校对：黄　蓓　李　楠
装帧设计：郝晓燕
责任印制：杨晓东

印　　刷：三河市百盛印装有限公司
版　　次：2024年5月第一版
印　　次：2024年5月北京第一次印刷
开　　本：710毫米×1000毫米　16开本
印　　张：5
字　　数：80千字
定　　价：45.00元

编　写　组

主　编　袁　源

副主编　戚绪安　刘寅莹　揭　晓　王世巍

参　编　吕广宁　丁卫华　裴碧莹　宋念达　涂　晓　韩　超　谷开新　张春宁　杜　威　柏　彬　黄　磊　邢晓雷　黄　涛　张　洋　彭　贞　曾　剑　张羽兵　马长华　刘　博　车松阳　张　敏　刘　宁　谈　坚　施金昊

编制说明

国网江苏省电力有限公司（简称“国网江苏电力”）自 2008 年开展设计监理专项工作，后将该部分工作并入工程监理。为响应国家电网公司 2022 年提出的“六精四化”工作要求，落实国网江苏电力提出的“业主管格局、监理管过程”理念，进一步明晰设计监理与建设工程监理工作界面，充分发挥设计监理作用，国网江苏电力组织编制《国网江苏省电力有限公司电网工程设计监理标准化工作手册》，固化设计监理工作流程、工作内容、工作方法等内容。

编制过程中，遵循电力建设工程监理工作的一般原则，结合《国家电网有限公司电力建设定额站关于印发〈输变电工程监理费计列指导意见（2021 版）〉的通知》（国家电网电定〔2021〕29 号）、《国家电网有限公司监理项目部标准化管理手册（2021 版）》等相关要求，以发函和征求意见会等多种方式广泛征求了有关单位和专家的意见，经反复讨论、修改，最终定稿。

本手册共分 6 章 2 个附录。主要章节包括：设计监理设置、勘察阶段、初步设计阶段、施工图设计阶段、施工阶段、总结评价阶段。

本手册对有关名词术语进行了统一解释，详见附录 A。

本手册固化了设计监理标准化管理模板，详见附录 B。

本手册管理模板的编号原则如下：

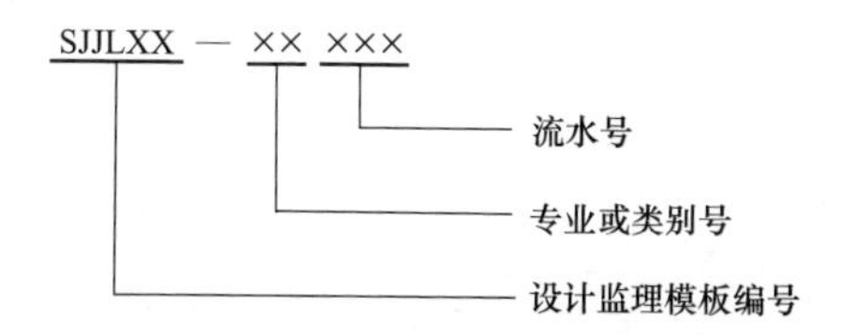

专业或类别号用来区分不同专业或专项里的同一种资料，可用拼音字母的大写缩写表述（例如“TJ”代表土建专业，“DQ”代表电气专业），如无分类，

可用 00 填补；流水号用来区分同一类模板，统一用 3 位数字填写，按形成的先后顺序编号，第 1 份为 001，第 2 份为 002，以此类推。管理模板的编号原则由发出单位按顺序排列，回复单位发出的回复内容流水号按回复单位模板流水号顺序编制。

本手册编制体现了三个特点：①吸收了国家电网公司监理项目部标准化管理成果，并紧密结合国家电网公司基建监理管理通用制度要求；②厘清了设计监理工作职责，细化了设计监理工作流程，突出了关键环节和重点内容；③梳理了设计监理工作成果文件，规范了成果形式。

本手册由国网江苏省电力有限公司建设部和国网江苏省电力工程咨询有限公司组织编制，适用于国网江苏电力投资建设的 35 千伏及以上输变电工程，由国网江苏电力建设部负责解释并监督执行。

目录

第 1 章
设计监理设置

1.1 设计监理组建

1.1.1 定位

设计监理是工程监理的一部分，应依据输变电工程监理合同要求，公平、独立、诚信、科学地完成合同规定的设计监理相关工作；通过审查、旁站等方式、方法，实现监理合同约定的各项目标。

1.1.2 组建原则

所有 35 千伏及以上输变电工程监理项目部应配备合格的设计监理人员，包括设计监理工程师（负责设计监理工作的专业监理工程师）、设计监理员（负责设计监理工作的监理员），监理项目部总监理工程师、造价工程师应履行设计监理相关工作职责。

设计监理人员宜以地级市为片区开展工作。

监理单位应根据电力建设工程监理规范和国家电网公司相关规定，根据服务内容、服务期限以及工程特点、规模、技术复杂程度等因素，在输变电工程监理合同签订一个月内明确设计监理人员，并将包含设计监理人员的监理项目部信息报送建设管理单位。

监理项目部应配备满足独立开展设计监理工作的各类资源（包括办公、交通、通信、检测、个人安全防护用品等设备或工具，以及满足工程需要的法律、法规、规程规范、技术标准等依据性文件），并在工程建设期间，结合工程实际，合理调整资源配备，满足设计监理工作需要。

1.1.3 人员任职资格及条件

设计监理人员应身体健康，具备工程建设监理实务知识、相应设计专业知识、工程实践经验和协调沟通能力。设计监理人员应保持相对稳定，需调整设计监理人员时，监理单位应书面通知建设管理单位。设计监理人员任职资格及条件应符合表 1-1。

表 1-1　　设计监理人员任职资格及条件

岗位名称	任职资格
总监理工程师	（1）具备国家注册监理工程师资格。 （2）具有 3 年及以上同类工程监理工作经验
设计监理工程师	（1）具有工程类注册执业资格或具有中级及以上专业技术职称。 （2）具有 2 年及以上同类工程工作经验，经监理业务培训和考试合格
造价工程师	（1）具有注册造价工程师执业资格或具有中级及以上专业技术职称。 （2）具有 2 年及以上同类工程造价工作经验
设计监理员	具有中专及以上学历，经监理业务培训，具有同类工程建设相关专业知识

注　总监理工程师年龄应在 60 周岁以下；其他人员年龄应在 65 周岁以下。

1.2 设计监理工作职责

设计监理人员应严格履行输变电工程监理合同，从总体、勘察、设计（初步设计、施工图设计）、施工四个方面，对工程设计质量、进度、造价进行控制，促进输变电工程各项建设目标的实现。

1. 总体部分

（1）组建设计监理人员团队，严格执行工程管理制度，落实岗位职责，确保设计监理管理体系有效运作。

（2）结合工程实际情况，编制勘察及设计阶段设计监理策划文件。

（3）审查勘察设计单位报送的进度款支付申请。

（4）勘察及设计阶段设计监理工作完成后，及时对各工程勘察及设计单位工作质量进行评估，对勘察及设计阶段设计监理工作进行总结。

2. 勘察部分

（1）审查勘察进度计划、勘察方案。

（2）检查勘察单位现场及检测试验机构主要作业人员持证情况、所使用的设备和仪器计量检定情况。

（3）检查勘察方案执行情况，必要时对勘探点位定测和重要点位的探孔取芯过程进行旁站。

（4）审查勘察报告，督促勘察单位完成输变电工程勘察设计合同约定的工作内容。

3. 设计部分

（1）复核设计依据性文件的有效性。

（2）复核主要设计人员配备情况。

（3）审查设计工作计划。

（4）督促设计单位按照依据性文件及规程规范，编制初步设计及施工图设计文件。

（5）参加初步设计内（预）审、评审以及施工图评审。

（6）参加重大设计方案的论证。

4. 施工部分

（1）参加设计联络会。

（2）参加设计交底、施工图会检。

（3）参加设计变更审查。

设计监理人员岗位职责见表 1-2。

表 1-2　　　　设计监理人员岗位职责

岗位名称	职　责
总监理工程师	（1）确定设计监理人员及其岗位职责，严格执行工程管理制度，确保设计监理管理体系有效运作。 （2）组织对全体设计监理人员进行勘察（设计）监理实施细则的交底及相关管理制度、规程规范的培训。 （3）组织编制勘察及设计阶段设计监理策划文件。 （4）组织审查勘察进度计划、勘察方案、勘察成果。 （5）组织复核设计依据性文件的有效性。 （6）组织复核主要设计人员配备情况。 （7）组织审查设计工作计划。 （8）参加重大技术方案的论证，参加初步设计内（预）审、评审以及施工图评审、设计交底、施工图会检，提出设计监理意见。 （9）审查勘察设计单位报送的进度款支付申请。 （10）组织召开勘察及设计阶段设计监理的专业意见内部讨论会议。 （11）组织编制勘察阶段与设计阶段成果评估报告、工作总结。 （12）参与或配合工程设计问题（缺陷）的调查和处理。 （13）组织编写设计监理月报，组织整理设计监理文件资料
设计监理工程师	（1）审查设计单位提交的涉及本专业的报审文件，并向总监理工程师报告。 （2）编制勘察及设计阶段设计监理策划文件。 （3）审查勘察进度计划、勘察方案、勘察成果。 （4）审查设计工作计划。 （5）督促设计单位按照依据性文件及规程规范，编制初步设计及施工图设计文件。 （6）参加设计联络会。 （7）参加初步设计内（预）审、评审以及施工图评审、设计交底、施工图会检。 （8）参加设计变更审查。 （9）编制勘察及设计阶段成果评估报告、设计监理工作总结。 （10）定期向总监理工程师汇报本专业设计监理工作实施情况，发现重大问题及时向总监理工程师作出汇报和请示。 （11）编写设计监理月报，整理设计监理文件资料。 （12）组织、指导、监督本专业设计监理员的工作，当人员需要调整时，及时向总监理工程师汇报
设计监理员	（1）协助编制勘察及设计阶段设计监理策划文件。 （2）检查勘察单位现场及检测试验机构主要作业人员持证情况、所使用的设备和仪器计量检定情况。 （3）检查勘察方案执行情况，必要时对勘探点位定测和重要点位的探孔取芯过程进行旁站。 （4）复核设计依据性文件的有效性。 （5）复核主要设计人员配备情况。 （6）跟踪各阶段设计工作开展进度，与设计单位保持动态联系，及时记录相关信息。 （7）审查、监督设计文件的设计质量及相关审查意见的落实情况，并及时向设计监理工程师报告。 （8）做好相关设计监理意见记录

续表

岗位名称	职 责
造价工程师	(1) 审查设计文件所需要的技经方面的依据性文件等是否正确。 (2) 审查初步设计概算、施工图预算。 (3) 审查勘察设计单位报送的进度款支付申请

1.3 管理依据

设计监理主要管理依据见表 1-3。

表 1-3　　设计监理主要管理依据

序号	文号	依据内容
1	中华人民共和国国务院令（第 279 号、第 714 号）	建设工程质量管理条例
2	中华人民共和国国务院令（第 293 号、第 662 号）	建设工程勘察设计管理条例
3	住房和城乡建设部令第 115 号	建设工程勘察质量管理办法
4	GB/T 50319	建设工程监理规范
5	DL/T 5434	电力建设工程监理规范
6	GB 55017	工程勘察通用规范
7	GB 50021	岩土工程勘察规范
8	GB 50741	1000kV 架空输电线路勘测规范
9	GB/T 50585	岩土工程勘察安全标准
10	GB/T 50548	330kV～750kV 架空输电线路勘测标准
11	DL/T 5570	电力工程电缆勘测技术规程
12	DL/T 5170	变电站岩土工程勘测技术规程
13	DL/T 5076	220kV 及以下架空送电线路勘测技术规程
14	DL/T 5122	500kV 架空送电线路勘测技术规程
15	Q/GDW 10166.1	输变电工程初步设计内容深度规定　第 1 部分：110(66) kV 架空输电线路
16	Q/GDW 10166.2	输变电工程初步设计内容深度规定　第 2 部分：110(66) kV 智能变电站
17	Q/GDW 10166.3	输变电工程初步设计内容深度规定　第 3 部分：电力电缆线路
18	Q/GDW 10166.5	输变电工程初步设计内容深度规定　第 5 部分：征地拆迁及重要跨越补充规定
19	Q/GDW 10166.6	输变电工程初步设计内容深度规定　第 6 部分：220kV 架空输电线路

续表

序号	文号	依据内容
20	Q/GDW 10166.7	输变电工程初步设计内容深度规定　第7部分：330kV～1100kV交直流架空输电线路
21	Q/GDW 10166.8	输变电工程初步设计内容深度规定　第8部分：220kV智能变电站
22	Q/GDW 10166.9	输变电工程初步设计内容深度规定　第9部分：330kV～750kV智能变电站
23	Q/GDW 10166.13	输变电工程初步设计内容深度规定　第13部分：高压直流换流站
24	GB 50500	建设工程工程量清单计价规范
25	DL/T 5745	电力建设工程工程量清单计价规范
26	Q/GDW 11337	输变电工程工程量清单计价规范
27	Q/GDW 11338	变电站工程工程量计算规范
28	Q/GDW 11339	输电线路工程工程量计算规范
29	Q/GDW 12152	输变电工程建设施工安全风险规程
30	Q/GDW 10381.1	输变电工程施工图设计内容深度规定　第1部分：110(66) kV智能变电站
31	Q/GDW 10381.2	输变电工程施工图设计内容深度规定　第2部分：电力电缆线路
32	Q/GDW 10381.3	国家电网公司输变电工程施工图设计内容深度规定　第3部分：电力系统光纤通信
33	Q/GDW 10381.4	输变电工程施工图设计内容深度规定　第4部分：110(66) kV架空输电线路
34	Q/GDW 1381.5	输变电工程施工图设计内容深度规定　第5部分：220kV智能变电站
35	Q/GDW 10381.6	输变电工程施工图设计内容深度规定　第6部分：330kV～750kV智能变电站
36	Q/GDW 10381.7	输变电工程施工图设计内容深度规定　第7部分：220kV架空输电线路
37	Q/GDW 10381.8	输变电工程施工图设计内容深度规定　第8部分：330kV～1100kV交直流架空输电线路
38	Q/GDW 10381.9	输变电工程施工图设计内容深度规定　第9部分：高压直流换流站
39	DL/T 5229	电力工程竣工图文件编制规定
40	DL/T 1363	电网建设项目文件归档与档案整理规范
41	GB/T 18894	电子文件归档与电子档案管理规范

第 2 章 勘察阶段

勘察阶段设计监理主要工作内容包括勘察方案和人员机械审查、勘察方案执行情况检查、勘察报告审查等。

2.1 工作内容与方法

勘察阶段设计监理工作内容与方法见表 2-1。

表 2-1　　勘察阶段设计监理工作内容与方法

<table>
<tr><th colspan="2">管理内容</th><th>工作内容与方法（标准化管理模板编号）</th></tr>
<tr><td rowspan="2">策划阶段</td><td>前期收资</td><td>根据需求，向建设管理单位明确收资内容，并根据收资情况组织人员对相关文件进行审查，主要收资清单如下：
（1）输变电工程可行性研究报告（含估算）及附图。
（2）输变电工程可行性研究评审意见及批复、核准文件。
（3）输变电工程勘察设计、监理合同。
（4）输变电工程勘察任务书、勘察方案</td></tr>
<tr><td>编制勘察监理实施细则</td><td>编制勘察监理实施细则（SJJL01），明确工程特点、勘察监理工程内容及流程、勘察监理工作方法及措施、勘察监理工作要点等要求</td></tr>
<tr><td>准备阶段</td><td>勘察方案审查</td><td>根据前期收资材料，按表 2-2～表 2-8 所列的各类项目各阶段勘察深度要求，审查勘察单位提供的勘察方案，并填写勘察方案报审表（SJJL02），审查时还应关注以下内容：
（1）勘察方案编审批是否满足要求。
（2）勘察方案目录是否符合规程规范要求。
（3）勘察方案中是否根据工程重要性等级及场地复杂程度类别，明确勘察等级。</td></tr>
</table>

续表

管理内容		工作内容与方法（标准化管理模板编号）
准备阶段	勘察方案审查	（4）勘察目的、任务要求及需解决的主要技术问题是否响应勘察任务书中内容。 （5）执行技术标准是否为现行标准。 （6）勘察工作布置方案是否包含勘探线（点）的平面布置及勘探点的具体深度。 （7）勘察技术要求是否涉及钻探方法选择，取样、原位测试及岩土试验基本技术等内容。 （8）勘探完成后的现场处理措施是否说明回填要求，需要保留孔洞的是否说明防护装置要求。 （9）拟采取的安全保证措施，是否包含风险识别，是否针对地下管线、地下构筑物及架空电力线路等制定勘探作业安全保证措施及应急处置要求。 （10）是否说明拟采取的保护生态环境、预防场地污染的措施
	勘察单位人员机械审查	勘察工作开始前，对勘察单位所使用的设备和仪器计量检定情况（SJJL03）、主要岗位作业人员/特殊作业人员报审表（SJJL04）进行审查，填写设计监理意见。审查要点如下： （1）检查作业机械维修保养工况性能，检查安全用具是否在有效期内使用。 （2）检查仪器仪表检定是否合格。 （3）检查相关人员是否按照有关规定培训合格、持证上岗
实施阶段	勘察方案执行情况检查	（1）勘察工作开始前，审查勘察单位提交的勘察开工报审表（SJJL05），填写设计监理意见。 （2）根据输变电工程监理合同及勘察监理实施细则要求，对现场勘察质量、进度等进行检查（SJJL06），根据表2-9管控要点对定测和探孔取芯过程进行旁站，填写旁站监理记录表（SJJL07）。 （3）如旁站过程中发现问题性质严重，应及时发出监理工作联系单（SJJL08）要求勘察单位进行整改
	勘察报告审查	（1）勘察任务书中的工作完成后，勘察单位应及时编制勘察成果报审表（SJJL09），报设计监理审查。 （2）设计监理根据表2-10审查要点，对勘察报告进行审查，填写设计监理意见；督促勘察单位完成设计监理意见回复单（SJJL10）、勘察报告修改工作

2.2　工作流程

勘察阶段设计监理工作流程图如图 2-1 所示。

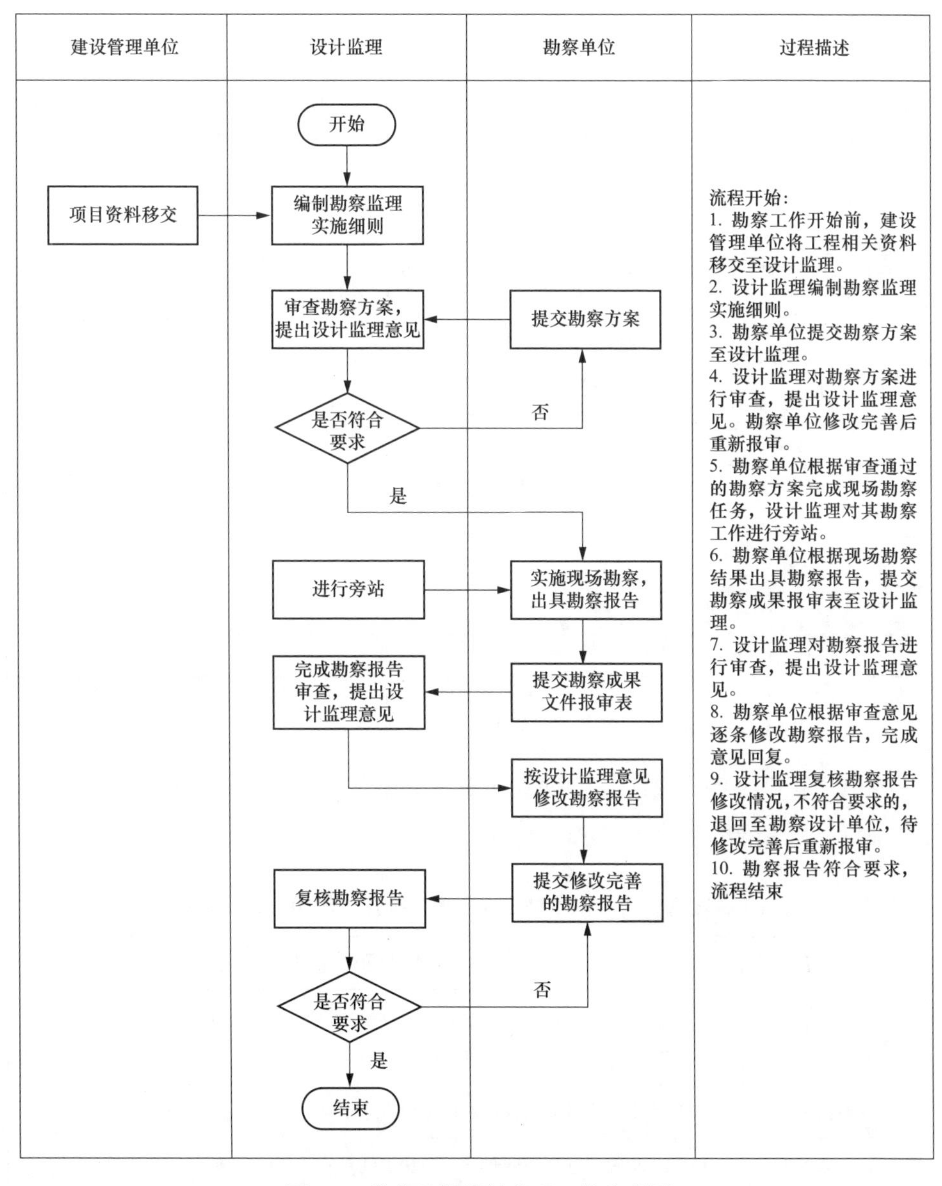

图 2-1　勘察阶段设计监理工作流程图

2.3 勘察方案设计监理审查要点

2.3.1 变电工程各阶段勘察要求

变电工程初步设计阶段勘探线间距、勘探点间距、勘探点深度应符合表 2-2 的规定。对于简单场地、中等复杂场地的变电站新建工程、改扩建工程，如总平面方案已确定，现场具备开展施工图勘察条件的应按施工图勘察要求进行勘察，勘察成品应满足最终勘察阶段的精度要求。

表 2-2　变电工程初步设计阶段勘探线间距、勘探点间距、勘探点深度

场地复杂等级	勘探线间距（米）	勘探点间距（米）
简单场地	80～200	70～120
中等复杂场地	75～150	50～100
复杂场地	50～100	⩽60
勘探点深度		
电压等级	一般性勘探点（米）	控制性勘探点（米）
330 千伏以下	8～10	10～15
330～750 千伏	10～15	15～20
750 千伏以上	15～25	20～30

注　1. 表中勘探点深度仅针对地基承载力和变形分析，不适用于特殊土及不良地质作用的勘探要求。
2. 表中场地复杂等级定义见《变电站岩土工程勘测技术规程》（DL/T 5170—2015）第 3 节。

变电工程施工图设计阶段勘探点布置应根据建（构）筑物特点和场地复杂程度确定，并应符合表 2-3 要求。

表 2-3　变电工程施工图设计阶段勘探线间距、勘探点间距、勘探点深度

建（构）筑物	勘探点间距及数量
主控楼、配电装置楼	勘探点可沿基础柱列线、轴线或轮廓线布置，勘探点间距宜为 30～50 米，且每个单体建筑的勘探点数量不应少于 2 个
变压器区域	每台变压器区域的勘探点数量不应少于 1 个
构架、支架场地	可结合基础位置按格网布置，勘探点间距宜为 30～50 米

续表

建（构）筑物	勘探点间距及数量
其他建（构）筑物地段	根据场地条件及建（构）筑物布置，按建筑群布置勘探点
控制性勘探点的数量应按场地复杂程度确定，且不宜少于勘探点总数的 1/3，主要建筑物或对地基变形敏感的建（构）筑物应布置有控制性勘探点。 勘探点深度应满足《变电站岩土工程勘测技术规程》（DL/T 5170—2015）要求	

注 表中勘探点深度仅针对地基承载力和变形分析，不适用于特殊土及不良地质作用的勘探要求。

2.3.2 线路工程各阶段勘察要求

架空线路工程初步设计阶段及施工图设计阶段勘探点布置要求，见表 2-4 和表 2-5。对于简单场地、中等复杂场地的架空线路，如路径方案已确定，现场具备开展施工图勘察条件的应按施工图勘察要求进行勘察，勘察成品应满足最终勘察阶段的精度要求。

表 2-4　　220 千伏及以下架空输电线路勘探点布置

地段	勘探点位要求	勘探孔的深度
直线段简单地段	间隔 3～5 基	应根据工程地质条件，杆塔基础类型、基础埋深及荷载大小确定
直线段中等复杂地段	间隔 1～3 基	
直线段复杂地段	逐基勘探	
耐张、转角、跨越及终端塔勘测时，应对每塔布置一个勘探点		
同塔多回（3 回及以上）线路勘测时，宜适当增加勘探点数量和勘探深度		

注 表中地段复杂程度等级见《220kV 及以下架空送电线路勘测技术规范》（DL/T 5076—2008）。

表 2-5　　330 千伏～750 千伏架空输电线路勘探点布置

地段	勘探点位要求	勘探孔的深度
直线段简单地段	间隔 2～3 基	应根据工程地质条件，杆塔基础类型、基础埋深及荷载大小确定
直线段中等复杂地段	间隔 1～2 基	
直线段复杂地段	逐基勘探	
耐张、转角、跨越及终端塔勘测时，应对每塔布置一个勘探点		

注 表中地段复杂程度等级见《330kV～750kV 架空送电线路勘测技术标准》（GB/T 50548—2018）。

电缆线路工程初步设计阶段勘探点布置要求，应按表 2-6 要求。对于简单场地、中等复杂场地的架空线路，如路径方案已确定，现场具备开展施工图勘察条件的应按施工图勘察要求进行勘察，勘察成品应满足最终勘察阶段的精度要求。

表 2-6　　电缆线路工程初步设计阶段勘探点布置及深度要求

勘探点位要求	（1）勘探点间距宜为 75～150 米，对于复杂场地宜取小值。 （2）工作井地段勘探点应根据各井位初步尺寸及轮廓布置，不应少于 1 个勘探点。 （3）在地貌、地质单元交接部位、地层变化较大地段以及不良地质作用和特殊岩土发育地段应加密勘探点
勘探孔深度要求	（1）对于明挖区间，控制性勘探孔的深度不应小于开挖深度的 3 倍，一般性勘探孔的深度不应小于开挖深度的 2 倍。 （2）对于非明挖区间，控制性勘探孔应进入结构底板以下不小于 3 倍隧道直径（宽度）或应进入结构底板以下中等风化或微风化岩石地层不小于 3 米，一般性勘探孔应进入结构底板以下不小于 2.5 倍隧道直径（宽度）或进入结构底板以下中等风化或微风化岩石地层不小于 2 米。 （3）对于明挖工作井，勘探孔深度不应小于基坑深度的 3 倍。 （4）对于沉井，勘探孔应进入结构底板以下不小于 2 倍沉井外径。 （5）当预定深度内有软弱夹层、破碎带或岩溶时，勘探孔深度应适当加深；当预定勘探深度内有坚硬的地基岩石时，勘探孔深度可适当减少。 （6）控制性勘探孔数量宜为勘探孔总数的 1/3，采取岩土试验和进行原位测试勘探孔的数量不应少于勘探点总数的 2/3。 （7）采用人工地基、桩基础或其他深基础时，勘探孔深度应符合现行标准中的相应规定

电缆线路工程施工图设计阶段勘探点布置应符合表 2-7 和表 2-8 要求。

表 2-7　　电缆线路工程施工图设计阶段勘探点的间距要求

地段类别及施工工艺		场地复杂程度（米）		
		复杂场地	中等复杂场地	简单场地
区间	明挖，深度＜5 米	30～50	50～75	75～100
	明挖，深度＞5 米	15～30	30～50	50～75
	顶管隧道	15～30	30～50	50～75
	盾构隧道	10～30	30～50	50～60
	定向钻	30～50	50～75	75～100
工作井	工作井	10～20，且不少于 2 个勘探点		
勘探点应沿路径轴线交叉布置在管线外侧，勘探点宜距管线结构外侧 3～5 米。 工作井的勘探点应沿平面位置对角线或井壁轮廓线布置；工作井外宜布置勘探点，其范围不宜小于工作井的开挖深度。 穿越大、中型河流时，河床及两岸均应布置勘探点。 不同构筑物连接处、施工工法变化处等部位应布置勘探点				

注　表中场地复杂程度等级见《电力工程电缆勘测技术规程》（DL/T 5570—2020）。

表 2-8　　电缆线路工程施工图阶段勘探点深度要求

勘探孔深度要求	（1）明挖区间与明挖工作井的勘探孔深度应满足基坑勘察的要求，且不应小于开挖深度的2倍。 （2）非明挖区间的勘探孔应进入结构底板以下不小于隧道直径（宽度）的2.5倍或应进入结构底板以下中等风化或微风化岩石不小于2米。 （3）沉井工作井的控制性勘探孔应进入刃脚以下不小于井体宽度，一般性勘探孔应进入刃脚以下不小于井体宽度的50%。 （4）当预定深度内有软弱夹层、破碎带或岩溶时，勘探孔深度应适当加深；当预定勘探深度内有坚硬的地基岩土时，可适当减少勘探深度。 （5）勘探孔的深度应满足稳定性分析、变形计算与地下水控制的要求。 （6）当存在抗拔桩、抗拔锚杆时，勘探孔的深度尚应满足抗拔设计要求。 （7）采用人工地基、桩基础或其他深基础时，勘探孔深度应符合现行标准中的相应规定

2.4 勘察过程设计监理管控要点

勘察过程设计监理管控要点见表2-9。

表 2-9　　勘察过程设计监理管控要点

序号	检查内容	管控要点
1	勘探线（点）、间距、数量	勘探线（点）、间距、数量是否符合以下要求： （1）勘探点位设置带编号的标志桩，桩号与勘察方案一致。 （2）勘探线（点）布置与勘察方案一致，并满足表2-2～表2-8要求。 （3）初步勘察阶段平面位置偏差不大于±0.50米，高程偏差不大于±0.10米。 （4）详细勘察阶段平面位置偏差不大于±0.05米，高程偏差不大于±0.05米
2	钻进方法和钻进工艺	钻进方法和钻进工艺是否根据岩土类别、岩土可钻性分级和钻探技术要求等确定： （1）黏性土，可采用回转钻进或锤击钻进。 （2）粉土，可采用回转钻进或锤击钻进。 （3）砂土，可采用回转钻进或冲击钻进。 （4）碎石土，宜采用冲击钻进。 （5）岩石，应采用回转钻进
3	钻孔成孔口径	钻孔成孔口径是否根据钻孔取样、测试要求、地层条件和钻进工艺等确定，是否符合以下要求： （1）原位测试钻孔应大于测试探头直径。 （2）鉴别与划分地层钻孔，第四纪土层不小于36毫米，基岩不小于59毫米。 （3）采用岩芯钻钻孔，第四纪土层不小于36毫米，基岩不小于59毫米。

续表

序号	检查内容	管控要点
3	钻孔成孔口径	（4）取Ⅰ、Ⅱ级土试样钻孔，一般黏性土、粉土、全风化岩层，第四纪土层不小于91毫米，湿陷性黄土不小于150毫米，基岩不小于75毫米。 （5）采用压水、抽水试验钻孔，第四纪土层不小于110毫米，软岩不小于75毫米、硬岩不小于59毫米
4	芯样存放保存	芯样存放保存是否符合以下要求： （1）除用作试验的土样及岩芯外，其余土样及岩芯应存放于岩芯盒内，并应按钻进回次先后顺序排列，注明深度和岩土名称，且每一回次应用岩芯牌隔开。 （2）易冲蚀、风化、软化、崩解的岩芯，应进行封存。 （3）存放土样及岩芯的岩芯盒应平稳安放，不得日晒、雨淋及融冻，搬运时应盖上岩芯盒箱盖，小心轻放。 （4）岩芯应拍摄照片留存。 （5）岩芯应保留至钻探工作检查验收完成
5	取水试样	取水试样工作是否符合以下要求： （1）取水试样前，应洗净盛水容器，不得有残留杂质；取水试样过程中，应尽量减少水试样的暴露时间，及时封口。需测定不稳定成分的水样时，应及时加入稳定剂。 （2）当有多层含水层时，应做好分层隔水措施，并应分层采取水样。 （3）采取水试样后，应做好取样记录，记录内容应包括取样时间、孔号、取样深度、取样人、是否加入稳定剂等
6	原位试验	对涉及的标准贯入试验、静力触探孔测试、电阻率测试等原位试验关键结果应进行检查
7	岩土样现场检验、封存及运输	岩土样现场检验、封存及运输过程是否符合以下要求： （1）岩土试样密封后均应填贴标签，标签上下应与土试样上下一致，并应牢固地粘贴在容器外壁上，土试样标签应记载工程名称或编号、孔位信息、取样信息等。 （2）试样标签记载应与现场钻探记录相符。 （3）采取的岩土试样密封后应置于温度及湿度变化小的环境中，不得暴晒或受冻。土试样应直立放置，严禁倒放或平放。 （4）运输岩土试样时，应采用专用土样箱包装，试样之间应用柔软缓冲材料填实。 （5）对易于振动液化、水分离析的砂土试样，宜在现场或就近进行试验，并可采用冰冻法保存和运输
8	岩土描述记录	各类地层的描述，是否包含下列内容： （1）碎石土：颗粒级配、颗粒形状、颗粒排列、母岩成分、风化程度、充填物的性质和填充程度、密实度等。 （2）砂土：颜色、矿物组成、颗粒级配、颗粒形状、细粒含量、湿度和密实度等。 （3）粉土：颜色、包含物、湿度和密实度等。 （4）黏性土：颜色、状态、包含物和土的结构等。 （5）特殊性岩土的特殊成分和特殊性质。 （6）有互层、夹层、夹薄层特征的土的厚度和层理特征。 （7）岩石地质年代、地质名称、颜色、主要矿物特征

续表

序号	检查内容	管控要点
9	钻探过程记录	现场记录的内容，是否存在事后追记或转抄的情况。钻探过程记录，是否包括下列内容： （1）使用的钻进方法、钻具名称、规格、护壁方式等。 （2）钻进的难易程度、进尺速度、操作手感、钻进参数的变化情况。 （3）孔内情况，包括缩径、回淤、地下水位或冲洗液位及其变化等。 （4）取样及原位测试的编号、深度位置、取样工具名称规格、原位测试类型及其结果。 （5）异常情况

2.5　勘察报告设计监理审查要点

勘察报告设计监理审查要点见表 2-10。

表 2-10　　勘察报告设计监理审查要点

序号	内容	审查要点
1	勘察报告内容完整性	勘察报告是否根据勘察任务书要求编写，是否包括下列内容： （1）勘察目的、任务要求和依据的技术标准。 （2）拟建工程概况。 （3）勘察方法和勘察工作布置。 （4）场地地形、地貌、地层、地质构造、岩土性质及其均匀性。 （5）物理力学性质指标。 （6）地下水埋藏情况、类型、水位及其变化。 （7）土和水对建筑材料的腐蚀性。 （8）可能影响工程稳定的不良地质作用描述和对工程危害程度的评价。 （9）场地的地震效应评价。 （10）场地稳定性和适宜性的评价。 （11）地基基础分析评价。 （12）结论与建议。 （13）相关图表
2	勘察报告签章	勘察报告签章是否符合下列要求： （1）勘察报告应有完成单位公章，法定代表人、单位技术负责人签章，项目负责人、审核人等相关责任人姓名及签章，并根据勘察注册执业规定加盖注册章。 （2）图表应有完成人、检查人或审核人签字。 （3）室内试验和原位测试成果应有试验人、检查人或审核人签字。 （4）当测试、试验项目委托其他单位完成时，受托单位提交的成果应有受托单位印章及责任人签章

续表

序号	内容	审查要点
3	勘察报告图表（变电）	勘察报告是否包括下列图表： （1）勘探点平面布置图。 （2）工程地质剖面图。 （3）勘探点主要数据一览表。 （4）原位测试成果图表。 （5）室内试验成果图表。 （6）岩土层物理力学试验指标统计表。 （7）易溶盐检测报告、土壤电阻率测试报告、波速测试报告
4	勘察报告图表（线路）	勘察报告是否包括下列图表： （1）塔位岩土工程条件明细表。 （2）电阻率测试成果表。 （3）原位测试成果图表。 （4）室内试验成果图表。 （5）地质柱状图（必要时提供）
5	室内土工试验	试验报告是否包括以下内容： （1）物理性质试验。 （2）压缩—固结试验。 （3）抗剪强度试验
6	工程地质层的划分和评述（变电）	勘察报告中工程地质层的划分和评述部分是否包括下列内容：场地地形、地貌、地层、地质构造、岩土性质及其均匀性
7	工程地质层的划分和评述（线路）	勘察报告中工程地质层的划分和评述部分是否包括下列内容： （1）塔基各岩土层的地质时代、成因、分布特征及其工程性质等，地质条件复杂地段，需逐基说明。 （2）各岩土层的重度、黏聚力、内摩擦角、地基承载力特征值、桩基参数等物理力学指标
8	地下水	勘察报告中地下水部分是否包括下列内容： （1）地下水类型及其补排特征。 （2）地下水水位数据。 （3）地下水及土对建筑材料的腐蚀性评价，腐蚀等级应明确。 （4）涉及地下水控制时，应包含地层渗透性评价
9	地震效应	勘察报告中场地和地基的地震效应部分是否包括下列内容： （1）抗震设防烈度、设计基本地震加速度、设计地震分组。 （2）场地类别判别、设计特征周期取值。 （3）抗震地段划分。 （4）土层液化判别

续表

序号	内容	审查要点
10	工程地质评价	勘察报告中工程地质评价是否包括下列内容： （1）可能影响工程稳定的不良地质的作用的描述和对工程危害程度的评价。 （2）场地、地基稳定性及工程适宜性
11	地基基础分析评价（天然地基）	天然地基评价是否包括下列内容： （1）天然地基可行性、均匀性评价。 （2）天然地基持力层的建议。 （3）天然地基承载力。 （4）存在软弱下卧层时，应提供验算软弱下卧层的计算参数。 （5）需进行地基变形计算时，应提供地基变形计算参数
12	地基基础分析评价（桩基础）	检查桩基础评价是否包括下列内容： （1）采用桩基的适宜性。 （2）可选的桩基类型、桩端持力层建议。 （3）桩基设计及施工所需的岩土参数。 （4）对欠固结土及有大面积堆载、回填土、自重湿陷性黄土等工程分析桩侧产生负摩阻力的可能性及其影响。 （5）需要抗浮设计时，应提供抗浮设计岩土参数。 （6）成桩可行性、挤土效应、桩基施工对环境的影响以及设计、施工应注意的问题、检测的建议等
13	地基基础分析评价（地基处理）	地基处理评价是否包括下列内容： （1）地基处理的必要性、处理方法的适宜性。 （2）地基处理方法、范围的建议。 （3）地基处理设计和施工所需的岩土参数。 （4）地基处理对环境的影响。 （5）地基处理设计施工注意事项建议。 （6）地基处理试验、检测的建议
14	基坑工程	勘察报告中与基坑工程有关的部分是否包括下列内容： （1）与基坑开挖有关的场地条件、土质条件和工程条件。 （2）基坑处理方式、计算参数和支护结构选型的建议。 （3）地下水控制方法、计算参数和施工控制的建议。 （4）施工方法和施工中可能遇到的问题的防治措施的建议。 （5）施工阶段的环境保护和监测工作的建议

第3章

初步设计阶段

初步设计阶段设计监理主要工作内容包括初步设计进度管理、初步设计文件审查工作。

3.1 工作内容与方法

初步设计阶段设计监理工作内容与方法见表3-1。

表3-1　初步设计阶段设计监理工作内容与方法

管理内容		工作内容与方法（标准化管理模板编号）
策划阶段	前期收资	根据需求，向建设管理单位明确收资内容，并根据收资情况组织设计监理人员对相关文件进行审查，主要收资清单如下： （1）输变电工程可行性研究报告（含估算）及附图。 （2）输变电工程可行性研究评审意见及批复、核准文件。 （3）站址（路径）协议及文物、军事、水利、林业、安全、气象、交通、地震、民航、防洪、通航、重要厂矿等相关协议应齐全。（如需） （4）环境影响评价报告及批复文件。 （5）水土保持方案报告书（表）及批复。 （6）勘察报告。 （7）输变电工程建设计划
	编制设计监理实施细则	编制设计监理实施细则（SJJL11），明确工程特点、设计监理工作内容、工作要点及关键管控节点等

续表

管理内容		工作内容与方法（标准化管理模板编号）
准备阶段	人员培训、交底	总监理工程师应组织开展相关培训、交底，形成会议纪要（SJJL12）。培训、交底主要包含以下内容： （1）国家电网公司、国网江苏电力设计管理相关管理制度及发文。 （2）输变电工程强制性标准及规程规范。 （3）设计监理实施细则
	审查初步设计进度计划	审查设计单位编制的初步设计工作计划报审表（SJJL13），填写设计监理意见。进度计划审查要点： （1）进度计划应符合输变电工程建设计划。 （2）进度计划中主要单体工程无遗漏
实施阶段	初步设计进度过程管理	（1）比较分析工程设计实际进度与计划进度差异，预测实际进度对输变电工程建设工期的影响。 （2）当发现实际设计进度严重滞后于计划进度且影响合同工期时，应签发监理工作联系单（SJJL08），要求设计单位采取措施加快设计进度，并及时向建设管理单位报告工期延误风险
	初步设计内（预）审、评审	（1）设计单位应在评审会议召开前5个工作日将设计文件提交至设计监理。 （2）设计监理参加初步设计内（预）审、评审会议，根据初步设计阶段收资材料、设计监理实施细则，提出设计监理意见（SJJL14），审查要点详见表3-2。 （3）督促设计单位在5个工作日内对设计监理意见进行回复（SJJL10），并完成设计文件修改工作

3.2 工作流程

初步设计阶段设计监理工作流程图如图 3-1 所示。

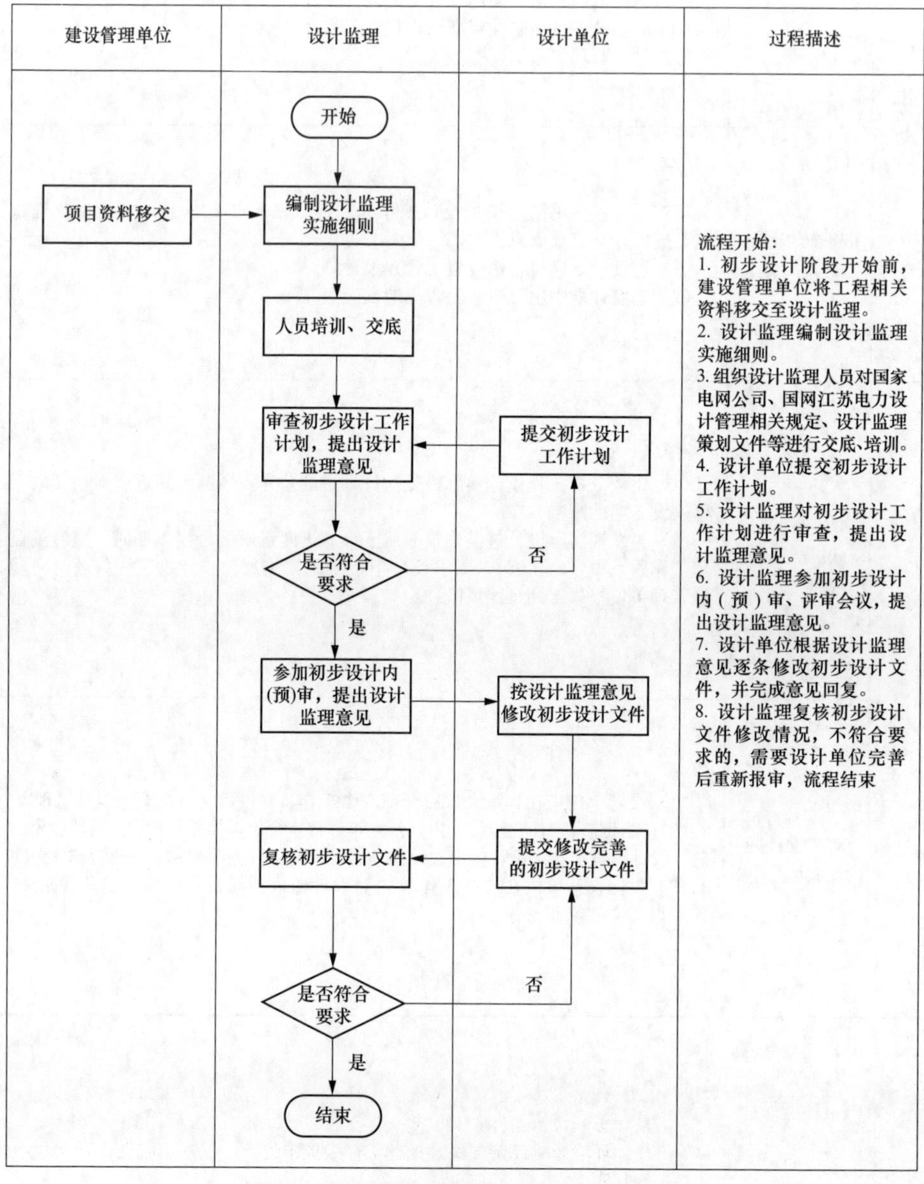

图 3-1　初步设计阶段设计监理工作流程图

3.3　初步设计阶段设计监理审查要点

初步设计阶段设计监理审查要点见表 3-2。

表 3-2　　　　初步设计阶段设计监理审查要点

序号	内容	审查要点
1	建设规模	（1）变电工程主变压器的台组数、容量，各级电压出线回路数，与输变电工程可行性研究评审意见及批复、核准文件是否一致。 （2）线路工程路径长度、导线截面与输变电工程可行性研究评审意见及批复、核准文件是否一致
2	通用设计、通用设备应用情况	（1）设计方案及模块选择是否合理。 （2）方案及模块拼接过程是否合理。 （3）是否采用通用设计、通用设备。 （4）未采用通用设计、通用设备时，是否编制专题汇报材料，履行沟通汇报机制
3	专篇审查	（1）安全性专篇是否依据输变电工程施工安全风险识别、评估及预控管理要求编制施工安全风险提示表，列出与设计方案有关的三级及以上的安全风险。 （2）安全性专篇中停电范围、时长是否合理。 （3）改扩建工程安全性专篇中是否对在原址进行变电站整体改造或者局部配电装置改造进行合理化分析。 （4）安全性专篇是否对跨越点进行安全性分析。 （5）安全性专篇是否对危大及超危大分部分项工程进行安全性分析及补充相应措施。 （6）绿色设计专篇是否针对低碳建设要求，进行碳排放计算分析。 （7）绿色设计专篇是否针对绿色施工及节能等要求设置相应措施。 （8）机械化施工专篇是否落实应用目标，是否开展技术方案论证
4	施工条件及大件运输	（1）施工电源是否满足施工要求。 （2）大件运输方案是否根据所运输设备的重量、外形尺寸等，明确运输工具以及路径
5	五新审查	（1）是否积极采用新技术、新工艺、新流程、新装备、新材料。 （2）推广应用类技术不采用时是否有技术经济论证
6	环境保护	（1）输变电工程建设地点、建设规模、站址周边环境保护目标与环境影响评价文件及批复文件是否一致。 （2）线路工程主要技术指标、路径走向、涉及环境敏感目标分布及数量与环境影响评价文件及其批复文件是否一致。 （3）环境影响评价文件及批复文件中提出的环境保护措施在设计文件中是否落实

续表

序号	内容	审查要点
7	水土保持	（1）输变电工程建设地点、建设规模与水土保持方案及批复文件是否一致。 （2）线路工程路径走向与水土保持方案及批复文件是否一致。 （3）水土保持方案及批复文件中提出的水土保持措施、临时防护措施在设计文件中是否落实
8	电气一次	（1）各级电压电气主接线是否完整、合理，是否符合规程规范要求。 （2）电气总平面设计是否满足电气主接线和设备型式要求，围墙内场地利用是否充足，是否统筹考虑线路出线方式，是否与线路综合考虑投资最经济。 （3）设备配置及参数选择是否符合规程规范要求。 （4）配电装置安装、检修和巡视维护通道是否合理，安全距离及裕度是否符合规程规范要求。 （5）站用电源引接方案是否可靠。 （6）防直击雷保护方式、保护范围是否符合规程规范要求。 （7）接地材料的选型和截面是否合理，降阻、隔离等措施是否恰当。 （8）电缆沟、电缆层等设置是否充分考虑电缆敷设需求，防火和阻燃措施是否符合规程规范要求。 （9）光伏装机容量、设备选型、组件布置是否经济、合理。 （10）扩建及改造的部分与已建工程是否协调，是否充分利用已建的建（构）筑物与设备；利旧的设备及材料是否满足本期建设要求；过渡方案图纸是否完整、可行
9	电气二次	（1）系统继电保护及安全自动装置配置方案是否符合规程规范及国家电网公司规定，故障录波器、网络分析装置配置容量是否满足本期建设需求。 （2）变电站远动信息采集是否完整。 （3）关口电能量信息采集并远传的配置方案是否满足电能计量规程规范要求。 （4）新建变电站是否配置一键顺控系统。 （5）主要元件保护配置是否考虑到速动性、可靠性、选择性的合理统一。 （6）二次屏柜组屏方案是否考虑到本期运行要求及远景扩建需求。 （7）电流互感器、电压互感器变比、容量等参数选择是否正确。 （8）一体化电源及蓄电池室的设计方案是否考虑到变电站远景扩建需求

续表

序号	内容	审查要点
10	土建、水工及消防	（1）站址地理位置征地拆迁及设施移改方案是否提供；站址位置是否充分考虑现状地形，是否具备扩建条件。 （2）变电工程总平面竖向布置方案是否进行技术经济方案比选，围墙内场地利用是否充足，是否安全、可靠。 （3）变电工程洪水位（或内涝水位）标高及防洪措施是否合理。 （4）站区标高确定是否考虑洪水位、周边环境及土方平衡方案的经济性。 （5）挡土墙或护坡方案是否经济、合理。 （6）站区道路布置是否合理，是否满足消防、大件运输及设备检修的要求。 （7）空余场地是否采用简易绿化地坪。 （8）电缆沟结构型式、过道路方式是否合理。 （9）主要建筑物平面布局是否合理，功能分区是否明确；安全出口布置是否满足消防要求。 （10）建筑物的装饰装修标准、门窗材料等是否合理，与周边环境是否协调。 （11）建筑物结构选型是否进行技术经济方案比选。 （12）建筑物的抗震措施是否合理。 （13）屋外构（支）架的布置方案和选型是否合理，构（支）架的连接方式、防腐措施等是否合理。 （14）建（构）筑物的基础选型、地基处理方案是否安全、经济；深基坑工程是否进行专项设计。 （15）站内给水系统、生活及消防用水量计算是否正确；站区排水方式是否合理。 （16）主变电站、建筑物等消防方式是否符合规程规范要求。 （17）涉及建、构筑物设计使用条件及荷载发生变化的，是否提供结构验算书或必要的佐证材料
11	架空线路	（1）两端变电站的出线间隔是否正确合理，新建变电站的进出线布置是否进行了统一规划。 （2）气象资料来源是否正确可靠，有无气象灾难统计资料，是否充分考虑附近已有线路运行经验，设计气象条件选择是否合理。 （3）导线截面是否满足系统规划要求，型号选择是否经济、可靠。 （4）OPGW 复合光缆及地线的截面选择是否考虑导地线配合原则，是否满足热稳定要求。 （5）导、地线防振，防雷接地措施是否符合工程建设需求。 （6）重要跨越是否满足规程规范要求，跨越方式是否经济、环保。 （7）基础选型是否因地制宜，特殊地基（湿陷性黄土、液化土、腐蚀性土等）处理方案是否方便、可行。 （8）通信保护措施是否经济、可靠。 （9）线路交叉跨越施工、停电方案是否可行，是否符合反措相关要求。 （10）是否全面采用线路杆塔高空作业保护辅助装置。 （11）使用已建杆塔时，是否对杆塔结构进行校验。 （12）开环设计方案是否进行优化

续表

序号	内容	审查要点
12	电缆线路	（1）电缆工程路径长度、起讫点、电压等级、输送功率、回路数、电缆截面等技术指标描述是否清楚；电缆型号选择及输送容量是否正确。 （2）电缆敷设方式、排列布置是否符合工程建设需求。 （3）电缆线路接地方式及其分段长度、电缆通道接地装置布置等方案是否符合规程规范要求。 （4）电缆支架及附件的结构型式及强度是否符合工程建设需求。 （5）电缆工作井、沟布置及尺寸是否符合工程建设需求。 （6）隧道电源、照明等方案是否符合规程规范要求。 （7）电缆防火设计方案是否符合规程规范要求。 （8）电缆基坑支护及地基处理设计方案是否合理。 （9）电缆构筑物与地下管线是否相碰，与规划红线是否冲突
13	技经部分	（1）概算编制依据是否有效、准确，设备、材料价格来源是否真实可信。 （2）定额套用是否恰当、补充定额是否正确，对于现行定额没有涵盖的情况，费用计算依据是否充分。 （3）工程量与限额指标的偏差是否在合理范围内。 （4）特殊的单项工程（如站外电源、站外道路等）是否有相应的单项工程概算。 （5）套用电网工程建设预算编制与计算规定、定额子目、基本预备费是否正确合理。 （6）以费率计取的其他费用的计算基数是否准确。 （7）计列土地使用费、合理的地方性收费以及因工程特殊性而增加的单项费用时，是否有相应依据。 （8）已经签订合同、协议的建设场地征用相关费用、勘察设计费、水土保持赔偿费等是否参照合同、协议计列。 （9）基本预备费计算基数是否准确

第 4 章 施工图设计阶段

施工图设计阶段设计监理主要工作内容包括施工图设计进度管理、施工图设计文件审查工作。

4.1 工作内容与方法

施工图设计阶段设计监理工作内容与方法见表 4-1。

表 4-1　　施工图设计阶段设计监理工作内容与方法

<table>
<tr><th colspan="2">管理内容</th><th>工作内容与方法（标准化管理模板编号）</th></tr>
<tr><td>策划阶段</td><td>前期收资</td><td>根据需求，向建设管理单位明确收资内容，并根据收资情况组织设计监理人员对相关文件进行审查，主要收资清单如下：
（1）输变电工程初步设计报告（含概算）及附图。
（2）输变电工程初步设计评审意见及批复。
（3）勘察报告（详勘）。
（4）输变电工程建设计划、创优目标</td></tr>
<tr><td>准备阶段</td><td>审查施工图设计进度计划</td><td>审查设计单位编制的施工图设计工作计划报审表（SJJL15），填写设计监理意见。
进度计划审查要点：
（1）进度计划应符合输变电工程建设计划。
（2）进度计划中主要单体工程无遗漏</td></tr>
<tr><td rowspan="2">实施阶段</td><td>施工图设计进度管理</td><td>（1）比较分析工程设计实际进度与计划进度，预测实际进度对输变电工程建设工期的影响。
（2）当发现实际设计进度严重滞后于计划进度且影响合同工期时，应签发监理工作联系单（SJJL08），要求设计单位采取措施加快设计进度，总监理工程师应及时向建设管理单位报告工期延误风险</td></tr>
<tr><td>参与施工图审查</td><td>（1）设计单位应在评审会议召开前 5 个工作日将设计文件提交至设计监理。
（2）设计监理参加施工图评审会，根据施工图设计阶段收资资料、设计监理实施细则，结合各专业审查要点提出工程施工图设计监理意见（SJJL16），审查要点详见表 4-2。
（3）督促设计单位在 5 个工作日内对设计监理意见进行回复（SJJL10），并完成设计文件修改工作</td></tr>
</table>

4.2 工作流程

施工图设计阶段设计监理工作流程图如图 4-1 所示。

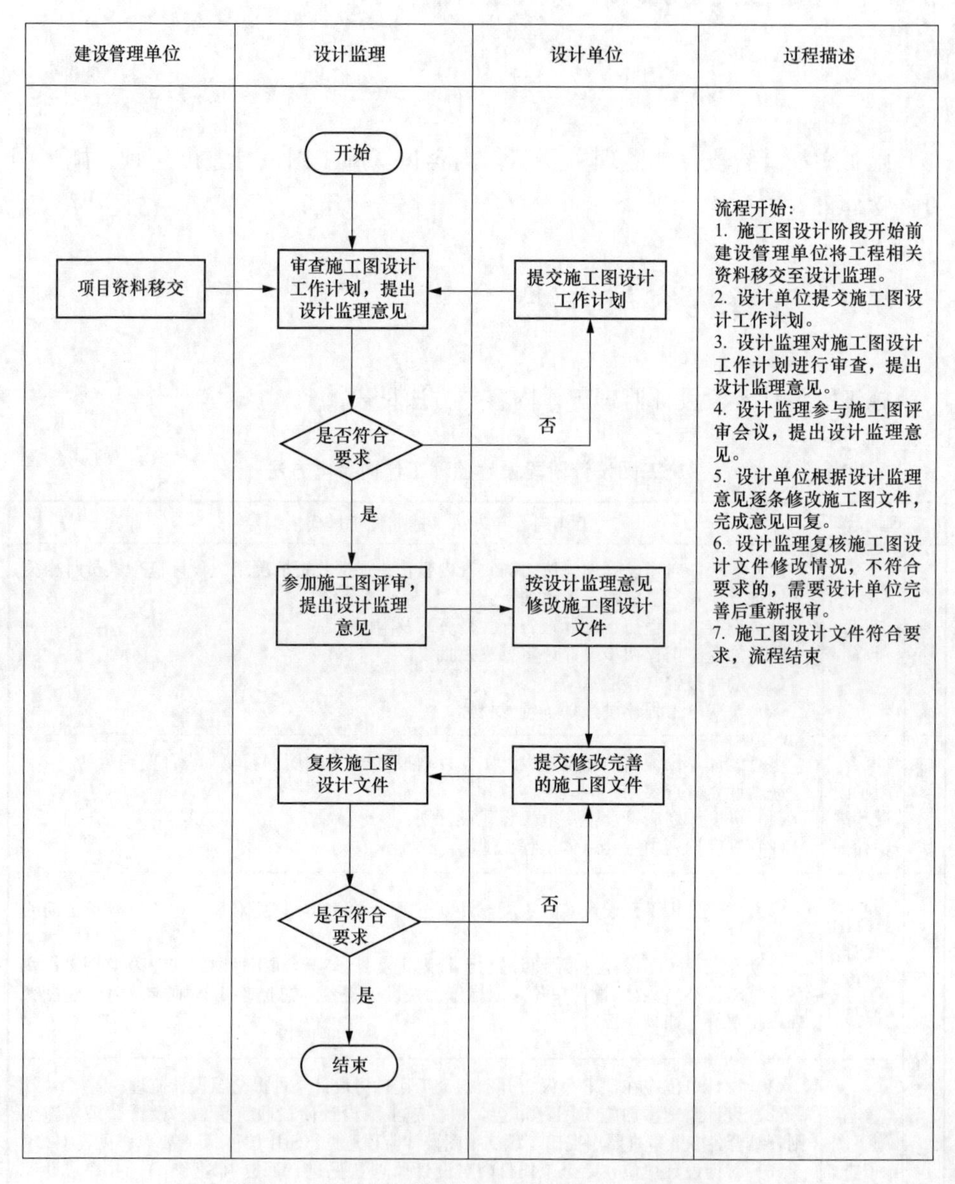

图 4-1　施工图设计阶段设计监理工作流程图

4.3 施工图设计阶段设计监理审查要点

施工图设计阶段设计监理审查要点见表 4-2。

表 4-2　　施工图设计阶段设计监理审查要点

序号	内容	审查要点
1	总体部分	（1）施工图设计深度是否符合输变电工程施工图设计内容深度规定。 （2）专业间的重要接口是否统一，专业间的设计分界点是否明确。 （3）各专业主要技术原则是否执行初步设计审查意见及批复。 （4）是否满足初步设计审查意见及批复中消防、节能减排、环境保护和水土保持等各项要求。 （5）是否考虑远期改、扩建以及运行期间设备维修保养、更换的空间或位置。 （6）光伏部分图纸内容是否齐全，是否满足现场施工要求。 （7）是否有明确的质量管理目标、质量通病防治措施。 （8）是否全面执行强制性条文、标准工艺要求。 （9）初步设计文件中提出的降低施工安全风险的措施是否落实。 （10）是否注明涉及危大及超危大分部分项工程的重点部位和环节，是否提出保障工程周边环境安全和工程施工安全的措施，是否进行必要的专项设计。 （11）是否开展机械化施工专题设计，编制专项设计卷册
2	电气一次	（1）设备与场地的安全距离是否符合规程规范要求。 （2）站用电配置、照明、检修电源等供电方式是否符合规程规范要求。 （3）设置在距地面 8 米及以下的消防应急灯具主电源和蓄电池电源额定工作电压是否符合规程规范，蓄电池室内灯具是否选用防爆型，开关是否布置在室外。 （4）消防负荷电缆、火灾报警系统电缆选型是否符合规程规范要求。 （5）火灾报警探测器选型与布置是否符合规程规范要求，是否满足灭火设备联动要求。 （6）电缆防火措施是否符合规程规范要求，防火封堵材料计列是否准确。 （7）避雷带、避雷器与主接地网连接处是否设置集中接地极。 （8）避雷器计数器安装位置是否合理，是否便于巡视观察
3	电气二次	（1）智能站线路保护和主变压器保护等是否采用直采直跳方式。 （2）备自投设计方案是否合理是否符合变电站生产运行要求。 （3）二次设备室屏位布置是否合理。 （4）一体化监控方案与其他设备的接口是否准确无误。 （5）全站闭锁回路是否符合变电站生产运行要求。 （6）电缆型号选择及敷设方案是否符合规程规范要求

续表

序号	内容	审查要点
4	土建部分	（1）变电工程总平面图是否包含建（构）筑物的定位尺寸及室内外标高、指北针、主要经济技术一览表及必要的文字说明。 （2）建筑物结构设计是否符合规程规范要求。 （3）建筑物空间设计是否符合设备安装及后期维护的要求。 （4）建筑物安全疏散、防火分区等是否符合消防规范要求。 （5）建（构）筑物基础埋置深度是否满足勘察报告中的要求。 （6）深基坑工程专项设计是否提出保障工程周边环境安全和工程施工安全的意见和措施
5	水工及暖通部分	（1）全站的给排水管道排布是否合理。 （2）全站采暖通风与空调系统设计、控制方案是否符合规程规范要求
6	消防部分	（1）全站的消防管道及消防设施排布是否符合规程规范要求。 （2）站区内建（构）筑物是否按照国家规定的火灾危险性分类和最低耐火等级的要求进行设计。 （3）变电站其他消防设施的种类及配置是否符合规程规范
7	架空线路	（1）定位图、杆塔明细表及相关计算书是否全面、正确。 （2）线路跨越障碍物的距离是否合理，是否充分考虑远景预留。 （3）金具串整体及元件的强度、组装方式，与杆塔的联结方式是否正确。 （4）防振金具、跳线金具的布置是否合理。 （5）光缆的布置、盘长、光缆附件的选择是否合理。 （6）线路工程相序是否准确。 （7）特殊塔型（终端塔、张力过渡塔、分支塔等）的基础分坑角度是否正确
8	电缆线路	（1）电缆工作井、人孔等位置是否合理。 （2）电缆终端布置及电气安全距离是否符合规程规范要求。 （3）电缆长度、接头数量、接地箱等主要材料数量是否准确。 （4）电缆构筑物布置、结构型式、覆土深度等是否满足工程建设需求。 （5）电缆通道消防、通风、照明、排水设计方案是否合理。 （6）在线监测装置配置是否合理
9	技经部分	（1）单项工程预算是否超概算。 （2）工程量是否准确、是否与施工图一致。 （3）设备费、材料费是否合理，有信息价的是否与信息价一致。 （4）安全文明施工费、规费等取费是否准确。 （5）建设期贷款利息计算是否准确。 （6）其他费用计列是否准确

第5章 施工阶段

施工阶段设计监理主要工作内容包括参加设计联络会、设计交底及图纸会检，参与图纸交付管理、设计变更管理等。

5.1 工作内容与方法

施工阶段设计监理工作内容与方法见表5-1。

表5-1　　　　　　　　施工阶段设计监理工作内容与方法

管理内容		工作内容与方法（标准化管理模板编号）
准备阶段	参加设计联络会	参加建设管理单位召开的主要设备设计联络会，结合输变电工程创优目标及建设实际情况，提出优化建议，设计联络会设计监理关注重点详见表5-2
实施阶段	图纸交付管理	根据“两步制供图”要求，跟踪好施工图纸交付情况，对交付图纸的质量及完整性进行审核把关，做好问题记录，督促整改闭环
	图纸会检及设计交底	参加由建设管理单位组织的设计交底和图纸会检，结合各专业审查要点，提出设计文件监理意见（SJJL16），审查重点详见表5-3
	设计变更管理	参加设计变更审查，提出设计监理意见，设计变更审查要点： （1）设计变更文件是否完整。 （2）变更事由是否充分。 （3）设计变更方案是否符合规程规范要求，是否经济、合理。 （4）工程量及费用计列是否准确、合理

5.2 设计联络会设计监理关注重点

表 5-2 设计联络会设计监理关注重点

序号	设备	关注重点
1	电力变压器	（1）汇控箱应设置底座，设备底座与本体应设置接地跨接线。 （2）本体箱门应设置跨接地。 （3）爬梯应设置接地。 （4）中性点引出后应与本体隔离，中性点应设置两点接地；接地排宜涂淡蓝色标识。 （5）铁芯、夹件引出线色标正确，刷黑色油漆。 （6）压力释放排油管应伸入油坑；管口应当设置防止小动物钻入的措施。 （7）应急排油管应采用玻璃钢封闭。 （8）户外变压器的瓦斯继电器（本体、有载开关）、油流速动继电器温度计均应装设防雨罩，继电器本体及二次电缆进线50毫米应被遮蔽，45度向下雨水不能直淋。 （9）法兰面应设置跨接线。 （10）铁芯、夹件引出线应与变压器本体绝缘。 （11）本体固定接地点不少于两个（常见于站用变压器）。 （12）直流均衡汇流母线及交流中性汇流母线刷漆应规范，规定相色应为“不接地者用紫色，接地者为紫色带黑色条纹”。 （13）法兰面穿心螺栓应设置叠片。 （14）应急排油管启闭阀门应当使用蝶阀而不应使用球阀，满足紧急情况下快速启闭的需要。 （15）法兰对接处的跨接点应当设置专用跨接点，不应使用对接螺栓进行跨接连接；且此处防腐措施易疏漏，出厂前需做好防腐。 （16）主变压器设计过程中应当考虑实际运行工况下油枕内油位的液面高度，应当高于套管内油面的最高点，保证套管与引线间完全充油。 （17）主变压器铁芯、夹件、中性点与主网连接处的软连接材料应在设计图中明确提供方。 （18）本体油温探针应设置防踩踏措施
2	GIS组合电器	（1）法兰面应设置跨接线（关于跨接根据国网文件规定厂家可出具相应保函）。 （2）爬梯应设置接地。 （3）断路器、TA、刀闸编号正确。 （4）户外封闭式组合电器的SF_6气体继电器应设置防雨罩。 （5）支架螺栓穿向应一致，穿芯螺栓两端出扣应一致。 （6）GIS安装型和热胀冷缩型伸缩节应设置色标区别。 （7）GIS室内安装的，需合理规划密度继电器的安装位置、各机构箱的检修通道、分合闸指示器、储能指示器的朝向等，应当满足正常巡检的需求。 （8）补偿器两端配置的跨接片需具备伸缩功能。 （9）密度继电器的连接管路属于压力管道，根据国标要求应当使用黄色标识。 （10）避雷器泄漏电流表的量程应当根据反措要求提前与生产确认。 （11）跨接连接点应当设置专用连接点，禁止使用安装螺栓连接。 （12）各设备、仪表、管路的承重支撑件不应使用法兰的安装螺栓进行连接，避免螺栓受力松动，造成气室漏气

续表

序号	设备	关注重点
3	无功补偿装置	（1）汇控箱应设置底座，设备底座与本体应设置接地跨接线。 （2）油浸式电抗器中性点引出后应与本体隔离。 （3）油浸式电抗器本体固定接地点应不少于两个。 （4）高抗压力释放阀位置应避开基础。 （5）电容器出线母排的安装方向及位置应当考虑满足电缆的弯曲半径。 （6）电容器组、避雷器等使用槽钢侧边进行固定的，应当配备斜方垫片。 （7）无功补偿装置的防护围栏应采取隔磁措施
4	断路器	（1）本体箱门应设置跨接地。 （2）本体端子箱应设接地端子，且接地端子不少于两个。 （3）断路器设备各类表计（密度继电器、压力表等）及指示器（位置指示器、储能指示器等）安装位置应方便巡视人员或智能机器人巡视观察。 （4）分合闸次数应符合规程规范要求
5	隔离及接地开关	隔离开关垂直连杆应有明显接地，刷黑漆
6	避雷器	（1）放电计数器量程应符合规程规范要求。 （2）均压环应有滴水孔。 （3）三相放电计数器数值应一致
7	互感器	（1）爬电比距应满足当地污秽等级的爬距等级。 （2）变比应与技术合同要求相符。 （3）电压互感器接地击穿保险应直接接地
8	端子箱及动力检修箱	（1）端子箱接地端子应满焊。 （2）端子箱箱体应满足下有通风口、上有排气孔的要求。 （3）控制电缆与动力电缆之间应设置防护隔板。 （4）端子箱内加热器的位置应尽量靠下且与各元件、电缆及电线的距离是否大于50毫米
9	开关柜	（1）后门应加装电磁锁。 （2）控制电缆与动力电缆之间应设置防护隔板。 （3）柜内电压互感器接地击穿保险应直接接地。 （4）与电缆终端连接点应设置双螺孔
10	二次屏柜	（1）屏柜内装置本体应接地。 （2）控制电缆与动力电缆之间应设置防护隔板。 （3）屏顶小母线应设置防尘罩。 （4）屏柜下层的电缆室（或电缆沟道）内，沿屏柜布置的方向逐排敷设截面积不小于100mm^2的铜排（缆）。 （5）站用电屏柜内裸露母排应设置安全挡板。 （6）明确压板颜色，出口压板采用红色，遥控压板采用蓝色，功能压板采用黄色，备用压板采用驼色。

续表

序号	设备	关注重点
11	蓄电池	(1) 蓄电池及支架应贴编号。 (2) 蓄电池正极电缆应增加赭色色标，负极电缆增加蓝色色标。 (3) 蓄电池电压巡视模块、电缆接线端子处应设置防尘罩
12	构支架	(1) 构支架轴线应垂直，法兰连接处贴合应紧密。 (2) 爬梯底端台阶距离地面应不超过 450 毫米。 (3) 爬梯应设专用的接地线与主网可靠连接
13	其他通病	(1) 设备本体户外电缆外露，应有保护措施。 (2) 加热器接线端子应在加热器下方，且加热器与电缆之间的距离应不小于 50 毫米。 (3) 相邻柜体尺寸应统一，柜体颜色、门楣一致。 (4) 本体、可开启屏门、把手、螺栓等附件应采用防锈蚀工艺。 (5) 支柱绝缘子爬电比距应满足当地污秽等级的爬距等级。 (6) 接地端子应满足变电站设备接地搭接面积要求，螺孔数量符合规程规范要求。 (7) 设备固定于槽钢或角钢上时，厂家应配套楔形方平垫。 (8) 配电、控制、保护用的屏（柜、箱）及操作台的金属框架和底座应设接地端子

5.3 施工图会检设计监理关注重点

表 5-3　　施工图会检设计监理关注重点

序号	内容	关注重点
1	总体部分	(1) 施工图纸选用的设备、原材料是否便于实施，材料量计列是否准确。 (2) 图纸随附资料是否齐备，名称与份数是否对应。 (3) 选用图集及规程规范应为最新有效版本。 (4) 图纸深度能否满足施工需要。 (5) 扩建工程的新老站、新老系统之间的衔接是否吻合，施工过渡方案是否可行。 (6) 各专业间接口是否一致。 (7) 施工图坐标、高程是否标注齐全，高程系及坐标系说明是否明确，各卷册施工图的几何尺寸、平面位置、标高等是否一致。 (8) 设计采用的五新（新技术、新工艺、新流程、新装备、新材料）在施工技术、物资供应上有无困难

续表

序号	内容	关注重点
2	电气一次	（1）变压器中、低压侧至配电装置采用电缆连接时，是否采用单芯电缆。 （2）GIS气室划分是否合理，断路器和电流互感器气室间是否设置盆式绝缘子。 （3）电容器端子间或端子与汇流母线间的连接是否采用带绝缘护套的软铜线，汇流母线是否采用铜排，单元是否采用内熔丝结构。 （4）干式空心串联电抗器是否安装在电容器组首端，35千伏及以上干式空心串联电抗器是否采用品字型布置。 （5）不同站用变压器低压侧至站用电屏的电缆是否分沟敷设，无法分沟的，是否采取防火隔离措施
3	电气二次	（1）保护及控制回路电源配置是否符合规程规范要求。 （2）电压互感器、电流互感器二次绕组接线是否正确。 （3）母差保护、失灵保护、断路器保护等保护范围及逻辑是否正确。 （4）操作箱、断路器及隔离开关等设备操作回路接线是否准确。 （5）变电工程二次电缆路径及埋管是否合理。 （6）光缆选型是否正确，是否考虑预留备用芯
4	变电土建	（1）变电工程进站道路、站区周边环境与设计文件是否一致。 （2）土方平衡方案现场是否具备实施条件。 （3）建筑施工图中描述的工程做法是否符合标准工艺要求，是否与详图一致。 （4）建筑施工图中墙体做法是否明确，是否与结构施工图一致。 （5）地下室墙板、屋面等相关节点防水做法是否明确。 （6）工艺管道、电气线路、设备安装等预留孔洞，是否漏设或错、碰。 （7）地基处理方法是否具备实施条件。 （8）给排水及消防材料明细表是否存在错、漏
5	架空线路	（1）断面图与杆塔明细表中的内容是否一致。 （2）材料表的数量与图纸提供的数量是否一致。 （3）OPGW光缆是否按线路耐张段配置。 （4）绝缘子串中的挂线金具与杆塔上相应的挂线孔是否匹配。在大高差、大转角位置的杆塔，绝缘子串有无特殊连接措施，电气间隙是否符合规程规范要求。 （5）杆塔呼高及根开与基础是否一致，地脚螺栓规格配置是否符合规程规范要求。 （6）基础图的实物编号与材料表的编号是否一致
6	电缆线路	（1）电缆通道支护方案现场是否具备实施条件。 （2）电缆敷设转弯半径是否符合规程规范要求。 （3）工作井及明挖隧道加固措施，是否符合规程规范要求。 （4）工作井及明挖隧道防水施工措施，是否符合规程规范要求。 （5）工作井及明挖隧道转弯处是否设置加腋。 （6）顶管/盾构原材料是否满足预制混凝土规程规范要求

第6章
总结评价阶段

总结评价阶段设计监理主要工作内容包括勘察/设计质量评价、勘察/设计监理工作总结、文件归档等。

6.1 工作内容与方法

总结评价阶段设计监理工作内容与方法见表6-1。

表6-1　　总结评价阶段设计监理工作内容与方法

管理内容	工作内容与方法（标准化管理模板编号）
勘察/设计质量评价	配合建设管理单位开展输变电工程勘察设计质量评价。 编写勘察成果评估报告（SJJL17），主要评价内容包括： （1）勘察成果报告编制深度、与勘察标准的符合情况。 （2）勘察任务书的完成情况。 （3）勘察成果结论。 编写设计成果评估报告（SJJL18），主要评价内容包括： （1）设计深度、与设计标准的符合情况。 （2）设计任务的完成情况。 （3）有关部门审查意见的落实情况
勘察/设计监理工作总结	编写勘察监理工作总结（SJJL19）及设计监理工作总结（SJJL20），总结设计质量问题，分析设计管理的薄弱环节，提出设计监理改进完善建议，主要总结内容包括： （1）设计监理工作情况。 （2）设计监理工作成效。 （3）强制性标准符合性检查情况。 （4）设计监理过程中出现的问题及处理情况。 （5）说明和建议
设计监理文件归档	工程竣工后，收集整理设计监理文件，归档并移交建设管理单位，归档清单见表6-2

6.2　设计监理文件归档清单

表 6-2　　设计监理文件归档清单

序号	归档文件内容	保管期限
1	勘察监理实施细则	永久
2	勘察成果评估报告	永久
3	勘察监理工作总结	永久
4	设计监理实施细则	永久
5	设计成果评估报告	永久
6	设计监理工作总结	永久
7	设计文件监理意见单（初步设计）	永久
8	设计文件监理意见单（施工图）	永久
9	（勘察成果/初步设计文件/施工图设计文件）设计监理意见回复单	永久

附录 A
名词术语

1. 建设管理单位

建设管理单位是指受项目法人单位委托对电网项目进行建设管理的各级单位。

2. 总监理工程师

由工程监理单位法定代表人书面任命，负责履行输变电监理合同、主持项目监理机构工作的注册监理工程师。

3. 标准工艺

标准工艺是对公司输变电工程质量管理、施工工艺和施工技术等方面成熟经验、有效措施的总结与提炼而形成的系列成果，具有技术先进、安全可靠、经济合理、便于推广等特点，是工程项目开展施工图工艺设计、施工工艺实施、施工方案制订等相关工作的重要依据。标准工艺由输变电工程标准工艺设计图集、工艺标准库、典型施工方法及其演示光盘等组成，代表公司当前输变电工程工艺管理的先进水平，由公司统一发布、推广应用。

4. 监理实施细则

根据批准的监理规划，由专业监理工程师编写，并经总监理工程师书面批准，针对工程项目中某一专业或某一方面监理工作的操作性文件。

5. 设计变更

设计变更是指工程初步设计批复后至工程竣工投产期间内，因设计或非设计原因引起的对初步设计文件或施工图设计文件的改变。

6. 旁站

旁站是指在关键部位或关键工序施工过程中，监理人员在现场进行的全过程监督活动。

7. 风险识别

风险识别是指识别风险因素的存在并确定其特性的过程。风险识别首先要确定风险因素的存在，然后确定风险因素的性质，即应识别出不同作业活动或设备风险因素的种类与分布，以及伤害或产生损失的方式、途径和性质。

附录 B
设计监理标准化管理模板

SJJL01

______________________工程

勘察监理实施细则

____________________有限公司

________________工程监理项目部

______年___月

____________________工程

勘察监理实施细则

批准：　　　　　　　　　　　________年____月____日

审核：　　　　　　　　　　　________年____月____日

编制：　　　　　　　　　　　________年____月____日

________________________有限公司

____________________工程监理项目部

________年____月

目　　录

SJJL02

勘察方案报审表

工程名称：　　　　　　　　　　　　　　　　　　　　　　编号：

<table>
<tr><td>
致________工程监理项目部：
我方已根据有关规定完成了________工程勘察方案的编制，并经单位主管领导批准，请予以检查。
附件：

勘察项目部/单位（章）：
项目负责人：__________
日　期：______年___月___日
</td></tr>
<tr><td>
设计监理审批意见：
（1）勘察所需工程资料及勘察任务书等是否齐全。□齐全　□有效　□不齐全　□无效
（2）勘察进度计划能否满足工程建设节点进度要求。□满足　□不满足
（3）勘察的各专业人员的配备是否完整。□完整　□不完整
（4）勘察设计人员、校核人员的任职资格是否符合规定的要求。□符合　□不符合
（5）勘察方案是否符合规范、技术标准等的要求。□符合　□不符合
（6）是否存在影响勘察进展的因素。□有　□无
（7）其他修改意见：□有　□无（有其他修改意见时在本表内填写）

监理项目部（章）：
总/设计监理工程师：__________
日　期：______年___月___日
</td></tr>
</table>

注：本表一式三份，业主项目部、勘察单位项目部、监理项目部各存一份。

SJJL03

主要勘察机械/工器具/安全防护用品（用具）/主要测量、计量器具、实验设备报审表

工程名称： 编号：

致__________工程监理项目部：

现上报拟用于本工程勘察工作的主要勘察机械/工器具/安全防护用品（用具）清单/主要测量、计量器具、实验设备等，请查验。工程进行中如有调整，将重新统计并上报。

器具名称	检验证编号	数量	检验单位	有效期至

附件：相关检验证明复印件

勘察项目部/单位（章）：
项目负责人：__________
日　　期：______年___月___日

监理项目部审批意见：

监理项目部（章）：
专业监理工程师：__________
日　　期：______年___月___日

注：本表一式三份，业主项目部、勘察单位项目部、监理项目部各存一份。

SJJL04

主要岗位作业人员/特殊作业人员报审表

工程名称：　　　　　　　　　　　　　　　　　　　　　　　　　　编号：

<table>
<tr><td colspan="5">致＿＿＿＿＿＿＿工程监理项目部：
现上报本工程勘察工作主要岗位作业人员/特殊作业人员名单及其资格证件，请查验。工程进行中如有调整，将重新统计并上报。
附件：主要岗位作业人员/特殊作业人员资格证件复印件

勘察项目部/单位（章）：
项目负责人：＿＿＿＿＿＿＿＿
日　　期：＿＿＿＿年＿＿月＿＿日</td></tr>
<tr><td>姓名</td><td>工种</td><td>证件编号</td><td>发证单位</td><td>有效期至</td></tr>
<tr><td></td><td></td><td></td><td></td><td></td></tr>
<tr><td></td><td></td><td></td><td></td><td></td></tr>
<tr><td></td><td></td><td></td><td></td><td></td></tr>
<tr><td></td><td></td><td></td><td></td><td></td></tr>
<tr><td></td><td></td><td></td><td></td><td></td></tr>
<tr><td></td><td></td><td></td><td></td><td></td></tr>
<tr><td></td><td></td><td></td><td></td><td></td></tr>
<tr><td colspan="5">监理项目部审批意见：

监理项目部（章）：
总/专业监理工程师：＿＿＿＿＿＿
日　　期：＿＿＿＿年＿＿月＿＿日</td></tr>
</table>

注：本表一式三份，业主项目部、勘察单位项目部、监理项目部各存一份。

SJJL05

工程勘察开工报审表

工程名称：　　　　　　　　　　　　　　　　　　　　　　　　　　编号：

<table>
<tr><td>致____________工程监理项目部：

我单位已根据____________工程勘察设计合同和有关规定，完成了工程勘察开工前的人员、技术、设备等的准备工作，请予以批准开工。
附：

勘察项目部/单位（章）：
项目负责人：____________
日　　期：_____年___月___日</td></tr>
<tr><td>监理项目部审批意见：

监理项目部（章）：
总监理工程师：____________
日　　期：______年___月___日</td></tr>
</table>

注：本表一式三份，业主项目部、勘察单位项目部、监理项目部各存一份。

SJJL06

勘察检查记录表

工程名称：　　　　　　　　　　　　　　　　　　　　　　编号：

<table>
<tr><td>日期及天气：</td><td>勘察设计单位：</td></tr>
<tr><td colspan="2">勘察工作情况：</td></tr>
<tr><td colspan="2">发现的问题及处理情况：</td></tr>
<tr><td colspan="2">监理人员（签字）：________　　　　　　　　________年___月___日</td></tr>
</table>

注：本表一式一份，监理项目部留存。

SJJL07

旁站监理记录表

工程名称：　　　　　　　　　　　　　　　　　　　　编号：

<table>
<tr><td>日期及天气：</td><td>施工地点：</td></tr>
<tr><td colspan="2">旁站监理的部位或工序：</td></tr>
<tr><td>旁站监理开始时间：</td><td>旁站监理结束时间：</td></tr>
<tr><td colspan="2">施工情况：</td></tr>
<tr><td colspan="2">监理情况：</td></tr>
<tr><td colspan="2">发现问题：</td></tr>
<tr><td colspan="2">处理问题：</td></tr>
<tr><td colspan="2">备注（包括处理结果）：</td></tr>
<tr><td colspan="2">监 理 项 目 部：
旁站监理人员：
日　　　　期：</td></tr>
</table>

注：1. 本表适用于勘察监理旁站，并有相应人员填写。监理项目部可根据工程实际情况在策划阶段对“旁站的关键部位、关键工序施工情况”进行细化，可细化成有固定内容的填空或判断填写方式，方便现场操作。但表格整体格式不得变动。

2. 如监理人员发现问题性质严重，应在记录旁站监理表后，发出检查问题通知单，要求施工项目部进行整改。

3. 本表一式一份，监理项目部留存。

SJJL08

监理工作联系单

工程名称：　　　　　　　　　　　　　　　　　　　　编号：

致____________： 事由 内容 监理项目部（章）： 总/专业监理工程师：__________ 日　　期：______年___月___日
签收： 签收人： 日　期：______年___月___日

注：本表一式三份，业主项目部、设计/勘察单位、监理项目部各存一份。

SJJL09

勘察成果报审表

工程名称：　　　　　　　　　　　　　　　　　　　　　　　　编号：

<table>
<tr><td>致＿＿＿＿＿＿工程监理项目部：
我方已完成＿＿＿＿＿＿工程＿＿＿阶段勘察报告的编制，并已履行我公司内部审批手续，请审批。
附：

勘察项目部/单位（章）：
项目负责人：＿＿＿＿＿＿＿＿
日　　期：＿＿＿＿年＿＿月＿＿日</td></tr>
<tr><td>设计监理审批意见：
（1）设计成品是否符合有关法律、法规、技术标准、行业标准、上级有关文件要求。
□符合　□不符合
（2）勘察设计成品签字、盖章是否齐全。□齐全　□不齐全
（3）土工试验报告、水质分析报告、易溶盐测试报告签字、盖章是否齐全。□齐全　□不齐全
（4）勘察设计成品是否符合强制性条文规定。□符合　□不符合
（5）勘察设计成品与内容是否符合勘察深度的要求。□符合　□不符合
（6）《勘察质量自查表》是否齐全。□齐全　□不齐全
（7）其他修改意见：□有　□无（有其他修改意见时在本表内填写）

监理项目部（章）：
设计监理工程师：＿＿＿＿＿＿＿＿
日　　期：＿＿＿＿年＿＿月＿＿日</td></tr>
</table>

注：本表一式三份，业主项目部、勘察单位项目部、监理项目部各存一份。

SJJL10

______设计监理意见回复单

工程名称： 编号：

<table>
<tr><td>致______工程监理项目部：

关于设计监理对______工程______阶段文件提出的意见，经我院复核审查，回复如下：

勘察设计负责人：______
日　　期：____年___月___日</td></tr>
</table>

注：本表一式二份，由勘察设计单位填写，勘察设计单位、监理单位各存一份。

SJJL11

____________________工程

设计监理实施细则

________________有限公司

________________工程监理项目部

______年____月

______________________工程

设计监理实施细则

批准：　　　　　　　　　_______年____月____日

审核：　　　　　　　　　_______年____月____日

编制：　　　　　　　　　_______年____月____日

______________________有限公司

___________________工程监理项目部

_______年____月

目　录

SJJL12

会议纪要

工程名称：　　　　　　　　　　　　　　　　　　编号：

<table>
<tr><td>会议地点</td><td></td><td>会议时间</td><td></td></tr>
<tr><td>会议主持人</td><td colspan="3"></td></tr>
<tr><td colspan="4">会议主题：</td></tr>
<tr><td colspan="4">会议内容：</td></tr>
<tr><td>主送单位</td><td colspan="3"></td></tr>
<tr><td>抄送单位</td><td colspan="3"></td></tr>
<tr><td>发文单位</td><td></td><td>发文时间</td><td></td></tr>
</table>

注：会议纪要由设计监理起草，经总监理工程师签发后下发。

SJJL13

初步设计工作计划报审表

工程名称：　　　　　　　　　　　　　　　　　　　　　　　编号：

<table>
<tr><td>
致＿＿＿＿＿＿工程监理项目部：

我方已根据有关规定完成了＿＿＿＿＿＿工程初步设计工作计划的编制，并经单位主管领导批准，请予以检查。
附件：

设计项目部/单位（章）：
项目负责人：＿＿＿＿＿＿
日　期：＿＿＿＿年＿＿月＿＿日
</td></tr>
<tr><td>
设计监理审批意见：
（1）可行性研究评审意见及批复文件是否齐全、有效。□齐全　□有效　□不齐全　□无效
（2）勘察报告、水文气象报告等工程原始资料及技术接口资料是否齐全、有效。
□齐全　□有效　□不齐全　□无效
（3）初步设计进度计划能否满足工程建设节点进度要求。□满足　□不满足
（4）初步设计各专业人员的配备是否完整。□完整　□不完整
（5）项目经理及主要设计人员的任职资格是否符合规定的要求。□符合　□不符合
（6）是否存在影响初步设计进展的因素。□有　□无
（7）其他修改意见：□有　□无（有其他修改意见时在本表内填写）

监理项目部（章）：
总/设计监理工程师：＿＿＿＿＿＿
日　期：＿＿＿＿年＿＿月＿＿日
</td></tr>
</table>

注：本表一式三份，业主项目部、设计单位、监理项目部各存一份。

SJJL14

初步设计文件监理意见单

工程名称： 编号：

致________：

________工程初步设计成品文件资料意见如下：

（1）设计成品是否符合有关法律、法规、技术标准、行业标准、上级有关文件要求。

□符合 □不符合

（2）设计成品是否符合通用设计、通用设备要求。□符合 □不符合

（3）设计成品是否符合强制性条文规定。□符合 □不符合

（4）设计成品是否符合初步设计内容深度规定的要求。□符合 □不符合

（5）初步设计主要设计原则是否执行可行性研究报告评审意见及批复要求。□执行 □未执行

（6）内部接口（各专业之间、专业内部）是否正确。□正确 □不正确

（7）设计概算编制的依据是否正确。□正确 □不正确

（8）取费项目与取费规定是否符合工程实际。□符合 □不符合

（9）主要技术经济指标是否合理。□合理 □不合理

（10）工程概算是否超过可行性研究批复投资估算。□超过 □未超过

（11）其他修改意见：□有 □无（有其他修改意见时在本表内填写）

监理项目部（章）：

设计监理工程师：________

日 期：____年__月__日

签收人		日 期	

注：本表一式三份，由监理单位填写，业主项目部、设计单位、监理单位各一份。

SJJL15

施工图设计工作计划报审表

工程名称：　　　　　　　　　　　　　　　　　　　　　　　　编号：

<table>
<tr><td>致＿＿＿＿＿＿工程监理项目部：

我方已根据有关规定完成了＿＿＿＿＿＿工程施工图设计工作计划的编制，并经单位主管领导批准，请予以检查。
附件：

设计项目部/单位（章）：
项目负责人：＿＿＿＿＿＿
日　　期：＿＿＿＿年＿＿月＿＿日</td></tr>
<tr><td>设计监理审批意见：
（1）初步设计评审意见及批复等设计依据文件是否齐全、有效。
□齐全　□有效　□不齐全　□无效
（2）主要设备资料、勘察报告等输入资料是否齐全、有效。□齐全　□有效　□不齐全　□无效
（3）变电工程施工图设计成品交付计划是否符合两步制交图要求。□符合　□不符合
（4）施工图设计进度计划是否包含所有卷册的目录。□包含　□未包含
（5）施工图设计各专业人员的配备是否完整。□完整　□不完整
（6）是否存在影响施工图设计进展的因素。□有　□无
（7）其他修改意见：□有　□无（有其他修改意见时在本表内填写）

监理项目部（章）：
总/设计监理工程师：＿＿＿＿＿＿
日　　期：＿＿＿＿年＿＿月＿＿日</td></tr>
</table>

注：本表一式三份，业主项目部、设计单位、监理项目部各存一份。

SJJL16

施工图设计文件监理意见单

工程名称：　　　　　　　　　　　　　　　　　　　　　　　　编号：

致________________：

________________工程施工图设计文件及清单的意见如下：

（1）设计成品是否符合有关法律、法规、技术标准、行业标准、上级有关文件等要求。
□符合　□不符合

（2）设计成品是否执行强制性条文、标准工艺要求。□执行　□未执行

（3）设计成品是否符合施工图设计内容深度规定的要求。□符合　□不符合

（4）施工图设计中有关技术指标、要点是否执行初步设计审查意见及批复要求。□执行　□未执行

（5）是否发生重大设计变更。□有　□无

（6）工程预算是否超过初步设计批复概算。□超过　□未超过

（7）其他修改意见：□有　□无（有其他修改意见时在本表内填写）

监理项目部（章）：

设计监理工程师：________________

日　期：________年___月___日

签收人		日期	

注：本表一式三份，由监理单位填写，业主项目部、设计单位、监理单位各一份。

SJJL17

____________________工程

勘察成果评估报告

____________________有限公司

____________________工程监理项目部

______年____月

____________________工程

勘察成果评估报告

批准：　　　　　　　　　　________年____月____日

审核：　　　　　　　　　　________年____月____日

编制：　　　　　　　　　　________年____月____日

________________________有限公司

____________________工程监理项目部

________年____月

目　录

1. 工程概况
2. 设计勘察工作的主要任务
3. 勘察成果监理评估依据
4. 勘察成果报告编制深度、与勘察标准的符合情况
5. 勘察任务书的完成情况
6. 勘察成果结论
7. 存在问题和对策建议
8. 评估结论

SJJL18

______________________工程

设计成果评估报告

______________________有限公司

__________________工程监理项目部

______年____月

____________________工程

设计成果评估报告

批准：　　　　　　　　　________年____月____日

审核：　　　　　　　　　________年____月____日

编制：　　　　　　　　　________年____月____日

________________________有限公司

____________________工程监理项目部

________年____月

目　　录

SJJL19

____________________工程

勘察工作总结

______________________________有限公司

________________________工程监理项目部

________年____月

________________工程

勘察工作总结

批准：　　　　　　　　______年____月____日

审核：　　　　　　　　______年____月____日

编制：　　　　　　　　______年____月____日

________________有限公司

______________工程监理项目部

______年____月

目　录

SJJL20

______________________工程

设计监理工作总结

______________________有限公司

______________________工程监理项目部

______年____月

______________________工程

设计监理工作总结

批准：　　　　　　　　　　　　_____年____月____日

审核：　　　　　　　　　　　　_____年____月____日

编制：　　　　　　　　　　　　_____年____月____日

______________________有限公司

____________________工程监理项目部

_____年____月

目　　录

SJJL21

勘察设计费用支付报审表

工程名称：　　　　　　　　　　　　　　　　　　　　编号：

<table>
<tr><td>致：______________监理项目部
　根据勘察设计合同约定，我方已完成___________工作，建设管理单位应在_____年____月____日前支付勘察设计费用共计（大写）___________（小写：___________），请予以审核。
　附件：
　□勘察设计成果
　□勘察设计成果报审表
　□相应支持性证明文件

勘察设计单位（章）
项目负责人：
日　期：________年____月____日</td></tr>
<tr><td>审查意见：
勘察设计单位应得款为：

专业监理工程师：
日　期：________年____月____日</td></tr>
<tr><td>审核意见：

监理项目部（章）
总监理工程师：
日　期：________年____月____日</td></tr>
<tr><td>审批意见：

业主项目部（章）
业主项目经理：
日　期：________年____月____日</td></tr>
</table>

注　本表一式三份，监理项目部、业主项目部、勘察设计单位各一份。